神仙中人

趙孟頫

曾孜榮 主編 / 時光 著

中華教育

神仙中人

趙孟頫

曾孜榮 主編／ 時光 著

責任編輯：王 玫

裝幀設計：李洺霖 鄧佩儀

排　版：李洺霖 龐雅美

印　務：劉漢舉

出版

中華教育

香港北角英皇道 499 號北角工業大廈 1 樓 B

電話：(852) 2137 2338　傳真：(852) 2713 8202

電子郵件：info@chunghwabook.com.hk

網址：http://www.chunghwabook.com.hk

發行

香港聯合書刊物流有限公司

香港新界荃灣德士古道 220-248 號荃灣工業中心 16 樓

電話：(852) 2150 2100　傳真：(852) 2407 3062

電子郵件：info@suplogistics.com.hk

印刷

深圳市彩之欣印刷有限公司

深圳市福田區八卦二路 526 棟 4 層

版次

2021 年 1 月第 1 版第 1 次印刷

©2021 中華教育

規格

12 開（240mm x 230mm）

ISBN

978-988-8676-12-5

目 錄

第一章

這可怎麼辦？

宋朝與金國的恩怨可是由來已久了。靖康二年（1127年），金人攻破北宋都城開封，扣押了太上皇宋徽宗和當朝皇帝宋欽宗，第二年，又將二帝及皇室貴戚、文武百官、侍從工匠三千多人押送到遙遠的北方。北宋滅亡了，不過仁慈的命運還是給了宋室一線生機，我們的故事就要從這裏講起……

風霜已寒

金國攻入北宋都城開封時，宋徽宗的第九個兒子趙構正在河北組織抗金部隊，僥倖逃過了金人的搜捕。1127 年，趙構在北宋老臣們的幫助下在應天府（今河南商丘）即位，成為南宋的第一位皇帝——宋高宗。

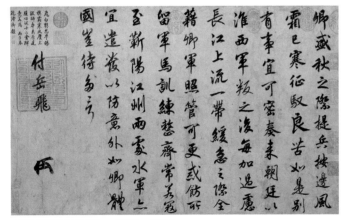

《賜岳飛批答卷》 南宋 趙構
36.7cm×61.5cm 台北「故宮博物院」藏

這是宋高宗登基早期（1134 年前後）寫給岳飛的一封信，開篇就表達了自己的體恤：「卿盛秋之際，提兵按邊，風霜已寒，征馭良苦。」結尾又道：「如卿體國，豈待多言。」關切之情可謂深重。再聯想到後來岳飛的冤死，令人不禁深深歎息。

《梅石溪鳧圖》局部 南宋 馬遠 故宮博物院藏

《山市晴嵐圖》局部　南宋　夏圭　美國大都會藝術博物館藏

　　這位皇帝在歷史上留下的大多數故事都不太光彩。他一味地向金人求降，丟掉北方大片領土，被迫南下遷都臨安（今浙江杭州）。而這位皇帝為了保全自己的皇位，不僅對金國小心**翼翼**地自稱「臣構」，還表態要讓「世世子孫謹守臣節」……

　　並不是所有人都像皇帝這般軟弱，朝廷上下都有不少主戰的力量走上抗金前線。組織利用好主戰力量，也許是宋室翻盤的機會，可宋高宗卻害怕抗金戰爭惹惱金國，給自己帶來更多麻煩，甚至還擔心抗金部隊在擊退金人後會調轉矛頭危及皇權。1141 年，宋高宗賜死自己最得力的抗金將領岳飛，製造了歷史上最為國人憤恨的冤案之一。

　　馬遠、夏圭是最能代表南宋畫風的兩位宮廷畫家。他們常用對角線的構圖方法，把描繪對象安排在畫面對角兩端，這樣畫面中就保留了大量開闊的空白，給人無限遐想。馬遠被稱為「馬一角」，夏圭被稱為「夏半邊」，就是源於他們的這種特點。很多人將「一角半邊」式的構圖，解讀為對南宋皇室偏安於東南一角，丟掉半壁江山的暗喻。

家祭如何告乃翁

與金國的矛盾幾乎貫穿整個南宋歷史。儘管當朝皇帝昏庸無能，但朝野上下卻出現了很多勇敢忠義之士與金國抗爭，除了岳飛之外，還有宗澤、韓世忠、梁紅玉等一大批抗金名將。大詩人陸游就在自己的詩詞作品中，替無數志在收復國土的人們道出了雪恥救國的決心和壯志未酬的憤懣。

《示兒》　陸游

死去元知萬事空，
但悲不見九州同。
王師北定中原日，
家祭無忘告乃翁。

▶

「老來胸次掃崢嶸，投枕神安氣亦平。漫道布衾如鐵冷，未妨鼻息自雷鳴。天高斗柄闌干曉，露下雞塒膈膊聲。俗念絕知無起處，夢為孤鶴過青城。」

——《美睡》

你知道陸游的詩，可未必見過他的字。這是遼寧省博物館收藏的陸游晚年的書法作品。他在這幅手卷中題寫了自己的八首詩，我們可以在這裏發現詩人「退休」生活的一些片段 —— 訪問鄉鄰，吃點便飯，淋着小雨在鄉間小路散步……好像家鄉已經用山川田園安慰了這位南宋老臣的心。

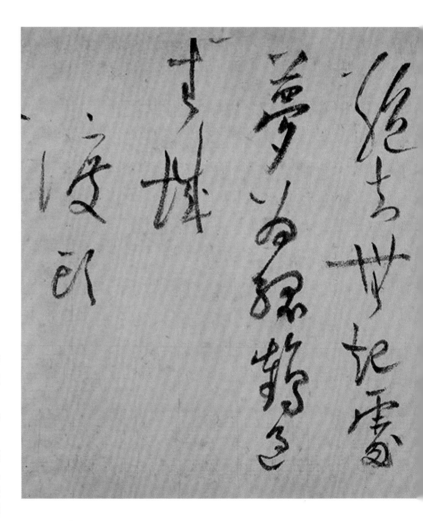

《自書詩》局部　南宋　陸游　遼寧省博物館藏

陸游這首詩作於臨終之時，彼時他念念不忘的仍然是抗金復國。可誰都沒料到，在南宋與金國交戰之際，從北方草原殺出強悍的蒙古鐵騎。1234 年蒙古滅金國，1271 年蒙古可汗忽必烈定國號為元，次年定都大都（今北京），八年後滅南宋。中國再次統一，可江山卻換了主人，留下無數痛苦的南宋遺民。他們中

有一位寫了首詩回應陸游，詩裏這樣寫道：「來孫卻見九州同，家祭如何告乃翁？」是啊，天下一統了，可天下卻成了元朝的天下，這該如何向祖先交代呢？

時代的更迭就是這樣迅速而無情，今天我們用幾句話就能簡單說完一段歷史，對生活在那個時代的人們來說，接受改朝換代的現實絕對沒有那麼容易。

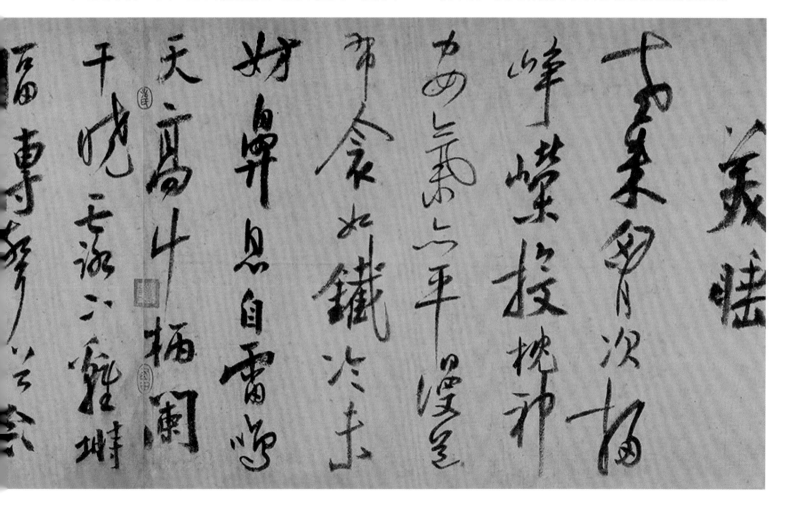

皇室才子與忽必烈

我們的主角趙孟頫（粵：苦｜普：fǔ），就是這樣一位南宋遺民，南宋滅亡時他二十五歲。趙孟頫，吳興（今浙江湖州）人，是位極其聰慧、風度儒雅的文人（你可以把「文人」簡單地理解成現在的知識分子），在杭州一帶的文人圈子裏很受歡迎。其實他原本可以在江南度過與世無爭的一生，可命運的轉折就這樣猝不及防地降臨了。

當時蒙古族的文化發展相對比較落後，元世祖忽必烈想要統治好這個廣闊的國家，必然要藉助很多漢族優秀人才的力量。忽必烈登基後曾好幾次命人到江南地區搜羅南宋的才俊，而趙孟頫正是搜訪行動的首選人物。江南才子那麼多，為甚麼偏偏看中他呢？

原來，趙孟頫除了才華過人，還有個重要的身份 —— 他與南宋第二位皇帝宋孝宗趙昚（粵：慎｜普：shèn）一樣，都是宋太祖趙匡胤的兒子趙德芳的後裔，這可是真正的宋朝皇室後人！忽必烈選中趙孟頫，雖然也有愛才心切的原因，但想來趙孟頫的皇室身份以及其中的政治寓意可能才是忽必烈最看重的東西吧！

這樣一來，趙孟頫的處境就變得進退兩難了：身為宋室後人，於情於理都是不能去元朝做官的，可又能怎麼辦呢？全國統一，大勢已定，不可能由這幫遺老遺少去復興本就腐敗無能的宋室；可如果強勢地拒絕朝廷，沒準會給自己招來無盡的麻煩……

我們在今天回望七百多年前發生的事情，很難替當時的人找到真正的緣由，但我們能知道的是，在那種情況下，歷史並沒有留給趙孟頫太多選擇。

1286 年冬天，三十三歲的趙孟頫無奈地趕赴大都。第二年被授官兵部郎中、奉訓大夫的職位，主管全國驛站費用事務，開始正式為元朝服務。

▶
《歸去來並序》局部　元代　趙孟頫　遼寧省博物館藏

這幅行書作於 1321 年，是趙孟頫晚年的代表作之一，現藏於遼寧省博物館。趙孟頫追慕陶淵明的生活理想，一生曾多次書寫陶淵明的《歸去來兮辭》，顯然是有所指、有所寄託的。其中有多卷墨寶流傳至今，而我們也得以從這些作品中，揣摩書法家不便表露的心跡。

余家貧耕植不足以自給為
幼稚盈室缾無儲粟生生
所資未見其術親故多勸
余為長吏脫然有懷
之靡途會有四方之事諸
侯以惠愛為德家叔以余
貧苦遂見用于小邑于時
風波未靜心憚遠役彭澤

憤怒的文人

畫面右側是鄭思肖自己題寫的一首詩：「向來俯首問羲皇，汝是何人到此鄉？未有畫前開鼻孔，滿天浮動古馨香。」落款「所南翁」。在左側款識「丙午正月十五日作此一卷」下面，有鄭思肖的兩枚鈐印，第一枚刻着「所南翁」三個字，第二枚則刻着一小段文字：「求則不得，不求或與。老眼空闊，清風今古」，表明自己對他人索畫的態度。剩下的幾枚鈐印大多數是後人留下的鑒藏印。

《墨蘭圖》　元代　鄭思肖　25.7cm×42.4cm　日本大阪市立美術館藏

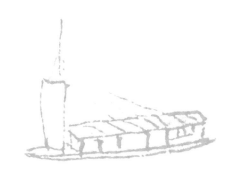

在中國古代，背叛君主是最不能被原諒的事情之一，哪怕當朝皇帝昏庸無能，也要盡自己所能向他進言，努力替皇帝解決問題，這才是忠君之人應該做的事情。後世的人們也會在自己書寫的歷史中，歌頌那些選擇堅守品格卻因此身處困境的人，唾棄因變節獲得的榮祿富貴。這是中國延續幾千年的道德傳統。

因為這一傳統，無論是趙孟頫自己還是其他人，一直很難對出仕元朝的行為釋懷。特別是與當時其他的漢族文人相比，趙孟頫的舉動就顯得更加不合「時宜」了。

元朝建立後，不少漢族文人的仕途之路走到了盡頭。朝廷對他們缺乏信任，他們自己也拒絕為朝廷效力。於是有的遁入山間田野，有的隱藏於市井，在平淡樸素的生活裏藉助翰墨丹青，抒發着各自複雜的感情。文人們用這種不合作的態度，表達他們對現實的不滿和對前朝的忠誠，躲避可能招惹上的殺身之禍。在亂世，個人當然是無法改變局勢的，專注於自己的一方小天地，也可能只是一種無奈之舉吧！

歷史就是這樣，有很多人會因為時代的變革而獲利，也有很多人會感到錐心刺骨的疼痛。一些內心被刺痛的元代文人留下了他們的詩文書畫作品，讓自己沉重的情感在好幾個世紀的時間裏釋放、蔓延、沉澱，直到今天仍在提醒我們，曾經發生了那麼多不該被遺忘的故事，這些作品就是它們發生過的證據。

鄭思肖，原名鄭之因，南宋滅亡後改名叫「思肖」。「肖」字，是宋朝皇室趙姓的一部分，「思肖」，其實就是「思趙」。就像他更名的舉動一樣，鄭思肖的一些逸事，也讓人感到他性格中剛烈、決絕的一面。比如他自號「所南翁」，生活起居常面向南面坐臥，臨終還特意交代自己的朋友，務必在自己的靈牌上寫「大宋不忠不孝鄭思肖」，遺憾自己在新朝苟活餘生，未能為宋室盡忠孝。

這幅《墨蘭圖》是鄭思肖流傳至今的唯一作品。乍看是幅清雅的小畫，畫的是很常見的蘭花題材。人們很難把這樣的作品和一位滿懷憤恨的畫家聯繫在一起。但有一個需要注意的細節是，鄭思肖的蘭花沒有根莖，蘭葉下面也沒有土壤，寓意國土被外族奪取，縱使是品性高潔的蘭花也已無根基可依。

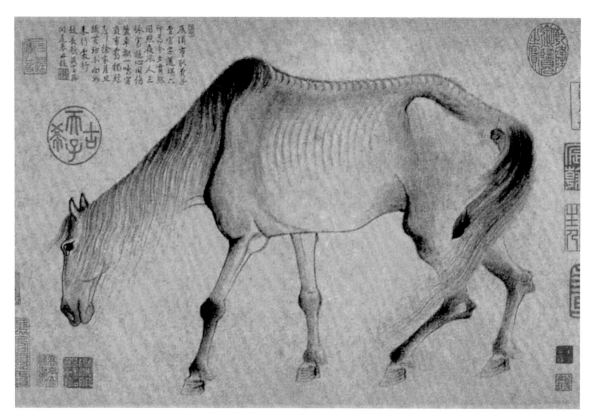

《駿骨圖》 元代　龔開　30cm×57cm　日本大阪市立美術館藏

　　還有一位文人畫家龔開，是南宋末年的名將陸秀夫的好朋友。1279 年，元與南宋在崖山（今天的廣東江門一帶）打了一場規模巨大的海戰，這場戰爭以南宋軍隊全軍覆沒而告終，南宋皇朝從此隕落。陸秀夫身背當時才七歲的南宋最後一位皇帝趙昺（粵：丙｜普：bǐng）在崖山投海，還有十萬軍民跟隨他們一同殉國，場面十分慘烈。陸秀夫死後，龔開曾寫了數篇字字泣血的詩文，哀悼自己的好友。但他這位戰亂中的幸存者，其實活得也並不是那麼輕鬆容易。

　　龔開堅持不為朝廷做事，默默隱居在蘇州一帶。而即便在才子雲集的蘇杭地區，龔開也是非常受人推崇尊重的。他生活貧困，但品性高潔，拒絕靠販賣自己的書畫作品糊口。家中窮得連像樣的桌椅都沒有，得趴在地上，甚至是伏在自己兒子的脊背上畫畫。

《山居圖》局部　元代　錢選　故宮博物院藏

　　龔開的《駿骨圖》畫了一匹瘦馬，一眼看過去，你可能認為它僅僅是一幅畫工細膩的寫實作品，這匹馬瘦弱得幾乎不能支撐自己的身體了。旁邊的題詩寫道：「今日有誰憐瘦骨，夕陽沙岸影如山。」結合詩文，我們很容易明白瘦馬的寓意，它包含了壯志未酬、身世沒落、疲憊、冷遇、無奈等很多消極的時代感受。

　　面對元朝的徵召，趙孟頫的同鄉、曾經與他亦師亦友的江南才俊錢選做了另外一種選擇。他直截了當地拒絕了蒙古人的邀請，終生隱居於太湖之濱，與山水書畫為友。人們願意相信，這位曾經的江南文人圈的靈魂人物在他的隱居生活裏找到了久違的寧靜，就像他在《山居圖》中描繪的那樣。

第二章
讓藝術解決問題

趙孟頫一生中曾經多次辭官，
或是以各種藉口返鄉，但又
被皇帝數次詔回朝廷。他一
邊小心翼翼地伺候皇帝，處
理好與其他同僚的微妙關係，
一邊承受他人的誤解和責難，
自責愧疚之情常常折磨着他
的內心。命運不由自己，現
實不盡如人意，只有詩文書
畫才能暫時平復那些複雜的
情緒……

丘壑間的心願

入元那年，趙孟頫畫了一幅《幼輿丘壑圖》。

謝鯤，字幼輿，是歷史上以品性高潔聞名的一位名士，生活在兩晉時期。他與「丘壑」有甚麼特別的故事呢？據記載，晉明帝司馬紹曾問謝鯤，人們常常把你和庾亮（司馬紹的好友）放在一起比較，你怎麼看呢？謝鯤不慌不忙地回答：庾亮整飭朝廷，為百官典範，我不如他；至於「一丘一壑」，我則自認更好一些。很婉轉地表達了自己心向林泉的歸隱之意。

我們現在仍然在用「一丘一壑」這個詞比喻隱居之處，或是寄情山水的情懷。

魏晉名士的故事是中國古典畫家們常常借用的題材。據說東晉大畫家顧愷之就畫過謝鯤像，還說了一句畫史上的名言，「此子宜置丘壑中」，把謝鯤畫進了層層疊疊的山林裏。這幅畫很早以前就失傳了，

《幼輿丘壑圖》　元代　趙孟頫　27.4cm×117cm　美國普林斯頓大學博物館藏

不過趙孟頫的《幼輿丘壑圖》卻恰當地暗示了和這幅不曾謀面的名畫之間的一些關聯，比如青綠的顏色、山石古樸的畫法、風景與人物之間有些失調的比例、身處丘壑的主人公……這些都讓人回想起魏晉時期的藝術特色，聯想到那個追求人格獨立和精神自由的時代。畫家就像在文章中引用古人話語那樣，把這些回憶——引用到畫裏面。

趙孟頫用魏晉名士的題材，用回到古典繪畫的方式，用這幅創作於特殊時間的作品，訴說着他北上後心中真實的矛盾痛苦，畫中肅穆深沉的丘壑彷彿正是他真實品性的縮影，無聲地回應了人們的流言與非議。

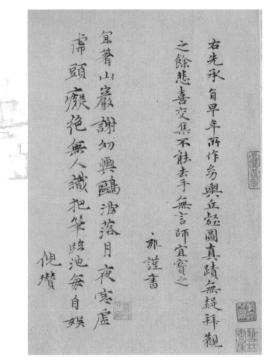

《幼輿丘壑圖》卷尾題跋

▲

這一卷畫作上沒有趙孟頫留下的字跡。他的兒子趙雍在畫卷後題寫道：「……拜觀之餘，悲喜交集，不能去手。」另一位元代畫家倪瓚隨後題詩：「宜置山巖謝幼輿，鷗波落月夜窗虛。……」幼輿仍在丘壑中，趙孟頫家中卻空無一人。倪瓚的詩寫得隱晦，人去哪兒了呢？是去大都做官了？還是追隨幼輿隱居了？作為同時代的文人，倪瓚顯然對趙孟頫的矛盾痛苦了然於心。

歲寒之友

松樹、竹子、梅花是中國人自古以來就喜愛有加的幾種植物，被稱為「歲寒三友」，大家讚頌它們不懼風霜嚴寒、淡泊高潔，把它們寫進詩文，譜成樂曲，希望自己無論貧窮還是富貴，都能像這些植物一樣過有尊嚴的生活。

竹子是君子的化身，寧折不彎，頂天立地，四季常青。文人們的「精神領袖」，比如竹林七賢、大詩人王維等，都留下不少與竹子相關的傳說典故，這也使它有了一種獨特的山林野逸的氣質。

品格高潔的元代畫家尤其愛畫竹、擅畫竹，趙孟頫也是其中一員。他一次一次地畫竹，就像在一次一次地告誡自己、解讀自己，像是在努力表明，他其實像筆下的竹子那樣挺拔正直，經得起風雨考驗。

《古木竹石圖》　元代　趙孟頫
108.2cm×48.8cm　故宮博物院藏

　　身處亂世，堅守自己是非常難的，歲寒之友自然成了相暖的陪伴。

　　竹子是畫家人生價值的象徵，它的外觀也適合表現中國畫裏筆墨線條的抽象美感。看看《古木竹石圖》中，枯瘦蒼老的樹木、嶙峋的怪石、潤澤濃重的竹葉、纖細有韌性的蘭草，它們組合在一起呈現出濃淡乾濕各異、和諧豐富的層次感。趙孟頫用竹子體現筆墨技法的韻律之美，另一位元代畫家吳鎮則將他的重點放在竹枝迎風飄動的那一剎那的姿態上（《仿東坡〈風竹圖〉》）。這一瞬間是那麼短暫，但卻達到極其精妙的平衡，讓人不由自主地屏住呼吸，害怕一絲一毫的風都有可能破壞這一瞬間的美。同一種題材，在不同畫家的筆下展現出萬千氣象。

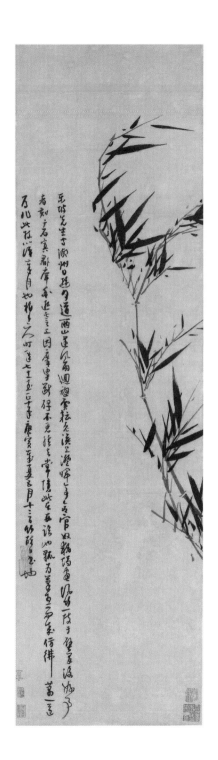

《仿東坡〈風竹圖〉》　元代　吳鎮
109cm×32.6cm　美國弗利爾美術館藏

馬非馬

《人騎圖》　元代　趙孟頫　30cm×52cm　故宮博物院藏

對成長在馬背上的元代統治者而言，馬的重要地位是不言而喻的，不少宮廷畫家都在他們的畫中記錄下生活中元代統治者與馬的生動形象。

唐代文學家韓愈曾寫過一句話：「世有伯樂，然後有千里馬。千里馬常有，而伯樂不常有。」（《雜說》其四）他用千里馬比喻人才，用伯樂比喻知人善任的領導者，成為一個經典典故。除此之外，相馬術還常常用來指代選拔官員，駿馬吃苦耐勞、勇敢善戰的特點也經常與忠臣良將類比。

文學中的傳統也在繪畫中適用。唐代畫馬大師韓幹、北宋畫馬名家李公麟，還有前文提到的龔開，都留下了很多經典的鞍馬畫，講述着馬與相馬者的故事。

趙孟頫是繼李公麟之後又一位公認的畫馬大師，聯想到那個特殊的時代，有很多人在趙孟頫的畫中尋找象徵意味。由於元朝統治者實行民族歧視的政策，生活在江南地區，也就是南宋故土的這些漢人，正是受此影響最大的一群人。普通人尚要遭受這樣的羞辱，那些在統治機構裏工作的漢族士大夫自然也難得到重用。千里馬與伯樂，又從何談起呢？

▶

右圖兩幅畫中的馬，是經典的唐馬畫法。不難發現，在馬匹的細節描繪上，趙孟頫也借鑒了唐代畫家的處理方式。

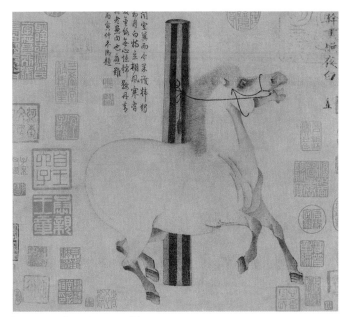

《照夜白圖》　唐代　韓幹　30.8cm×34cm
美國大都會藝術博物館藏

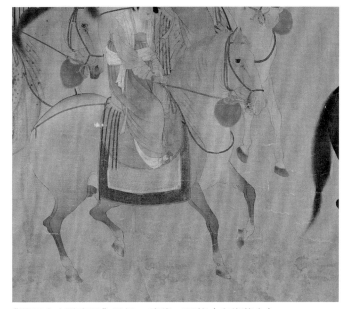

《虢國夫人遊春圖》局部　唐代　張萱（宋代摹本）
遼寧省博物館藏

第三章

趙孟頫的實驗

按照正史的寫作方法，如果一個人有「節操」方面的問題，對他的評價往往要有所保留。趙孟頫，可能就是人們說的那種有「歷史污點」的人。但趙孟頫能在他去世後的將近一千年裏，不斷地被人學習、揣摩、稱頌，實在是因為他在相當困難的人生處境下，做了太多讓人尊重、佩服的事情。

向古人學習

趙孟頫說過一句名言，叫「作畫貴有古意」。「古」是時間概念，對我們來說，近代之前的時間都可以歸到「古」裏面去，而對趙孟頫來說，屬於他的「古」，還要跳過南宋繼續向前追溯——北宋、五代、隋唐、兩晉⋯⋯也就是說趙孟頫認為，南宋之前的藝術風格更好，更值得學習。「古代」的藝術好在哪兒？「古意」是甚麼樣？我們一會兒再說，先來看看南宋的藝術到底怎麼了？

我們繼續用前文提到的馬遠、夏圭的作品舉例。一眼看過去，大家很容易被他們的畫面抓住眼球——那些山水風景美麗極了，山石、樹木、花草的樣子寫實又奇特，看不出絲毫的煙火氣息，完美無瑕得像是存在於一個夢裏。不管是作品構圖、墨色運用還是用筆技巧，都精細到極致，甚至會讓人覺得樹枝稍長一分，墨色稍重一點，都會把整幅畫面的平衡感打破。這種精緻唯美的風格是最受南宋皇室喜歡的。

但在趙孟頫看來，纖細的用筆、精巧的敷色、奇險的構圖，都過於強調畫家的技法了，反而讓畫面多了一層纖弱的氣質，中國畫的正統經典應該是中正平

《石壁看雲圖》 南宋 馬遠 23.7cm×24cm
故宮博物院藏

《松溪泛月圖》 南宋 夏圭 24.7cm×25.2cm
故宮博物院藏

《夏景山口待渡圖》局部　五代南唐　董源　遼寧省博物館藏

《樹色平遠圖》局部　北宋　郭熙　美國大都會藝術博物館藏

和的，不應該是奇險詭麗的。最重要的是，這些極度工整細緻的作品掩蓋了畫家的內在情感和個人特質，而這才是繪畫最能觸動人心的地方。

　　我們把上面兩幅作品與五代董源的《夏景山口待渡圖》、北宋郭熙的《樹色平遠圖》放在一起看看。這四幅畫當然都非常美，我們無法得出「哪幅畫最美」的標準答案。但我們不難發現，董源與郭熙的兩幅畫有種質樸渾厚的氣質，有筆墨特有的神韻，它們默契交融，呈現出一種安寧從容的氛圍。相比之下，強調纖巧寫實的南宋畫院作品反而顯得柔弱甚至是空洞了——這種風格常常讓人聯想起懦弱無能的南宋王朝。

鵲華秋色

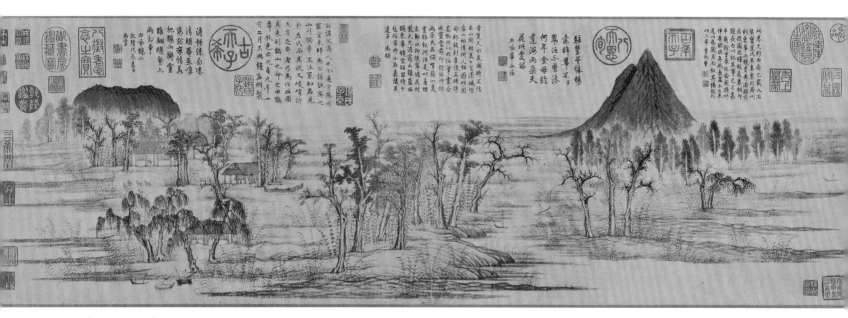

《鵲華秋色圖》 元代　趙孟頫　28.4cm×93.3cm　台北「故宮博物院」藏

在前面幾章裏，我們看過趙孟頫的幾幅「復古」作品，比如有魏晉氣質的《幼輿丘壑圖》，有唐代鞍馬畫痕跡的《人騎圖》。現在再來一起看看趙孟頫最經典的「實驗」之作——《鵲華秋色圖》。

趙孟頫奉詔北上後的十年間，因為工作的原因遊歷了不少北方城市，也有機會親自接觸了大量珍貴的古畫和古董。1295 年，他稱病從朝中告退，帶着自己從北方搜集的大批藏品回到吳興老家，並在那年冬天為自己的好朋友、詩人周密畫了這幅《鵲華秋色圖》。

周密祖籍山東濟南，他的祖輩因為跟隨宋高宗南遷而來到浙江定居。周密一生從未去過濟南，對那片未曾謀面的北方故土充滿鄉愁。趙孟頫返鄉前曾在濟南任職，他便根據記憶為自己的好朋友畫下故鄉秋天的一草一木，讓一片有節制的惆悵瀰漫在畫面中。

畫中散落着看似沒有甚麼規律可言的蘆蕩、樹木、房屋、船隻……可仔細觀察又能發現這些景物之間的微妙關聯：畫面從一組表現汀渚的互相交錯的長線條開始，在它們的指引下，我們看到水汽籠罩着的一組松樹，華不注山（今稱「華山」）從樹林背後拔

地而起，再陡然直下，與山腳左下方那棵枯樹巧妙銜接。這棵彎曲的古樹繼續把我們的視線帶到畫面正中最近處的蘆洲，一叢古樹漸次向左下方排列，之後一邊通過蘆洲左側那條掛上紅葉的枝丫與更遠處的村落相連——村落盡頭就是像多士麵包一樣的鵲山了；一邊通過幾組平行線條帶我們再次來到垂柳依依的岸邊，湖面微波和遠處的松樹慢慢消失在畫面結尾，同時呼應了畫面開始時的景象。

我們還能看到不少借鑒五代、北宋山水畫的地方，比如汀渚和山體用的是董源的「披麻皴（粵：春｜普：cūn）」；景物平正並漸次推遠的安排，還有華不注山、中間的蘆洲、鵲山三處景物形成的「V」字構圖，是對北宋山水畫家經典構圖法的學習……但這些複雜的技巧並不會顯得生硬或矯揉造作，反而從均衡與秩序中挖掘出平易肅穆的氣質，這是屬於畫家自己的胸中氣象。

《夏景山口待渡圖》（上三圖）與《鵲華秋色圖》（下三圖）的幾組局部對比

書畫本來同

《秀石疏林圖》 元代 趙孟頫 27.5cm×62.8cm 故宮博物院藏

　　除了「作畫貴有古意」，趙孟頫還提出了一個偉大的理論，叫「書畫同源」。他將這個觀點清清楚楚地寫在了自己的《秀石疏林圖》上：「石如飛白木如籀，寫竹還於八法通，若也有人能會此，方知書畫本來同。」我們一邊看畫，一邊解釋這首有些晦澀的小詩。

　　畫面中央有一塊巨石，周圍古木、新竹、幽蘭叢生，乍一看這幅畫好像並沒有甚麼特別之處。不過我們一點一點仔細拆解開，就能發現這裏暗藏的不少玄機呢！

　　先來看這塊其貌不揚的大石頭。畫巨石的線條粗細不一，墨色濃淡不同，但因為筆鋒吸取的水分較少，運筆的速度又極快，以至筆畫絲絲露白，這種筆法叫「飛白」或「飛白書」，東漢時期就已經有這種運筆方式了，一直很受書法家的喜愛。在這幅畫裏，趙孟頫用極速的運筆轉折擦出乾枯感，形象地畫出巨石層疊嶙峋的結構和粗糙堅實的質地，這就是詩中所謂的「石如飛白」了。

　　再來看看「木如籀（粵：宙｜普：zhòu）」。「籀」指大篆（粵：旋六聲｜普：zhuàn），是一種春秋時期在秦國流行的字體。大篆的線條圓整，字體有一種凝重渾厚的力量感。借鑑篆書的圓筆和力度，更容易畫出樹枝樹幹蒼老渾厚的效果，「木如籀」說的就是這個意思。

「石如飛白」

《祭姪文稿》局部　唐代　顏真卿

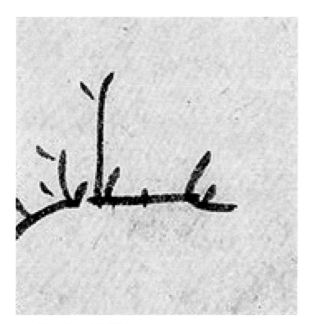

用圓筆「寫」出的樹枝

近代書畫大師吳昌碩臨寫的大篆《石鼓文》局部

▶
《秀石疏林圖》局部

側（點）

勒（橫）

策（挑）

啄（短撇）

掠（長撇）

努（豎）

磔（捺）

趯（勾）

飛一樣用筆鋒的一側落下；「豎為努」，寫豎筆時要像彎弓射箭一樣保持均衡穩定的韌度和力度……奇妙的是這些書法的技巧也可以用在畫竹上──「永」字向外發散的筆觸恰如竹葉向四面散開的生長姿態，竹節像側鋒畫出的墨點，瘦長有筋骨的竹枝則像書法中的豎筆。

前文提到的《古木竹石圖》，也使用了這種書法的運筆技巧。

草書、篆書、楷書等各種筆法特色融合在一幅畫裏，用書法的用筆規則「寫」出古木新竹，不僅與這些事物的天然樣貌形似，更能呈現它們內在的精神特質。

中國自古就有「書如其人」的說法，從千姿百態的書法筆意聯想到書家千差萬別的性情氣質，把書法功力等同於個人見識修養的深厚程度。趙孟頫將書法家的豐富筆法和文人的審美標準安放到繪畫裏，從此，文人雅士們不再僅僅通過繪畫技巧表現物體，而開始由「畫畫」轉變為「寫畫」。

「寫竹還於八法通」，不難理解，說的是畫竹的方式和「八法」是相通的。「八法」指的是書法中歷史悠久的「永字八法」。因為「永」字恰好由正楷的八個筆畫「側、勒、努、趯（粵：剔｜普：tì）、策、掠、啄、磔（粵：擇｜普：zhé）」組成，寫好這八個筆畫是練習正楷的基礎，永字八法講的就是寫這八個筆畫的規則訣竅，比如「點為側」──要像鳥兒翻

平淡天真

　　元代以前，主要有三類畫畫的人：一類是民間的畫工、畫匠，他們應買家或僱主的要求作畫，社會地位也比較低；一類是宮廷畫院的畫家，比如前面提到的馬遠和夏圭，他們為皇室貴族服務，畫風也要符合皇帝的審美趣味，自己沒有太多能自由創作發揮的餘地；還有一類是高級知識分子，他們本身有官階，書畫藝術只是他們的業餘愛好，比如唐代王維、北宋蘇軾等人。但在古代歷史上，很少有文人轉變成以賣畫為生的職業畫家的情況。

《水村圖》　元代　趙孟頫　24.9cm×120.5cm　故宮博物院藏

元代以後就不一樣了，部分文人的仕途之路被迫中斷，他們反而願意投身於書畫創作，或是以賣畫為生，或是藉此抒發自己難以在現實中得到滿足的志趣。趙孟頫提出「作畫貴有古意」「書畫本來同」等理論，給這些成了職業畫家的文人提供了創作的方向。在趙孟頫的引領下，有一種繪畫形式開始成為中國畫壇的主流，那就是日後享譽海內外的「文人畫」。

《水村圖》是趙孟頫現存有準確紀年的最後一幅畫，畫的是江南水鄉的景色。依然能看出董源的構圖用筆對他的影響，以及書法運筆「寫」出景物精髓的處理方式。但這幅畫似乎有一種神奇的力量，讓我們忍不住放下對繪畫技法的追問，只想靜靜地感受這片風景帶給內心的滋養，這是畫家和我們的精神世界之間的共鳴。

趙孟頫用他的實際行動讓精神境界和品格趣味成為中國畫的靈魂，單純、高雅、溫厚、自然，成為後世畫家的最高藝術追求，也成為文人道德品質的縮影。古人常用「平淡天真」來讚揚文人畫的至高境界，這幅《水村圖》無疑是對「平淡天真」的最佳註解了。

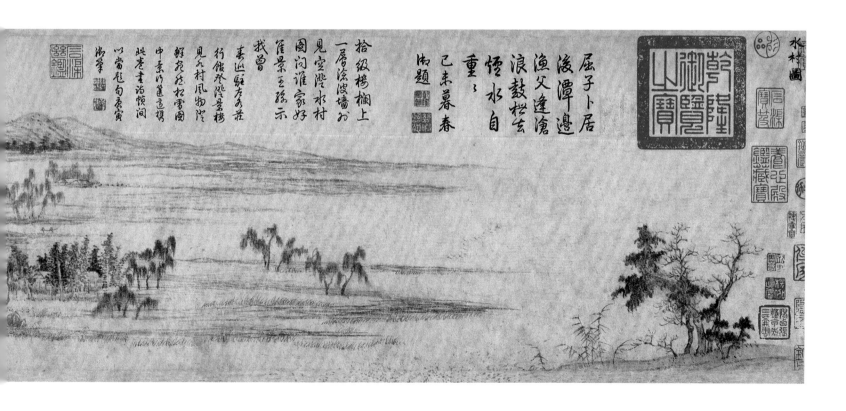

第四章

畫家二三事

畫家、書法家、收藏家、官員、
詩人、嚴格的父親、體貼的丈
夫、桃李遍天下的老師……趙
孟頫的身上有太多的標籤，這
些標籤裏又藏着太多真假參半
的傳說。而真實的趙孟頫，到
底是個怎樣的人呢？

王羲之的忠實粉絲

能提出「以書入畫」這種新鮮理念的趙孟頫，當然對書法有很深的理解。他早年學習宋高宗趙構的書法，後來大量臨摹了晉唐名家鍾繇、智永、顏真卿等人的作品。後人把他列入「楷書四大家」，與歷史上最偉大的唐代書法家顏真卿、柳公權、歐陽詢並提，推崇備至。

在趙孟頫看來，練習書法必須要仔細觀察、臨摹古人的作品，而在他臨習的作品中，尤其以王羲之的《蘭亭序》和王獻之的《洛神賦》用功最深。他曾表示，前輩書法家僅僅能得到寥寥數行珍貴的古代碑帖，仍然能專心學習獲益匪淺，王羲之的《蘭亭序》洋洋灑灑三百餘字，況且又是他本人最滿意的作品，如果下苦功練習，一定會大有收穫的。

《蘭亭序》局部　唐代　馮承素摹　故宮博物院藏

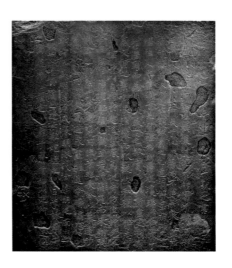

宋代以後，王獻之書寫的《洛神賦》僅剩中間十三行，我們簡稱它為「洛神賦十三行」。圖為首都博物館收藏的這一字跡的殘存石刻。

《蘭亭十三跋》局部　元代　趙孟頫　日本東京國立博物館藏

1310 年，趙孟頫奉詔自吳興北上大都，偶然獲得一件《蘭亭序》的宋代拓本，愛不釋手，旅途中時時展卷臨寫，並題寫了十三段心得體會，後人稱之為《蘭亭十三跋》。不料後來這卷書跡遇火，只剩下燒剩的殘卷，重新裝裱後被稱為「火燒本」，現藏於日本東京國立博物館。

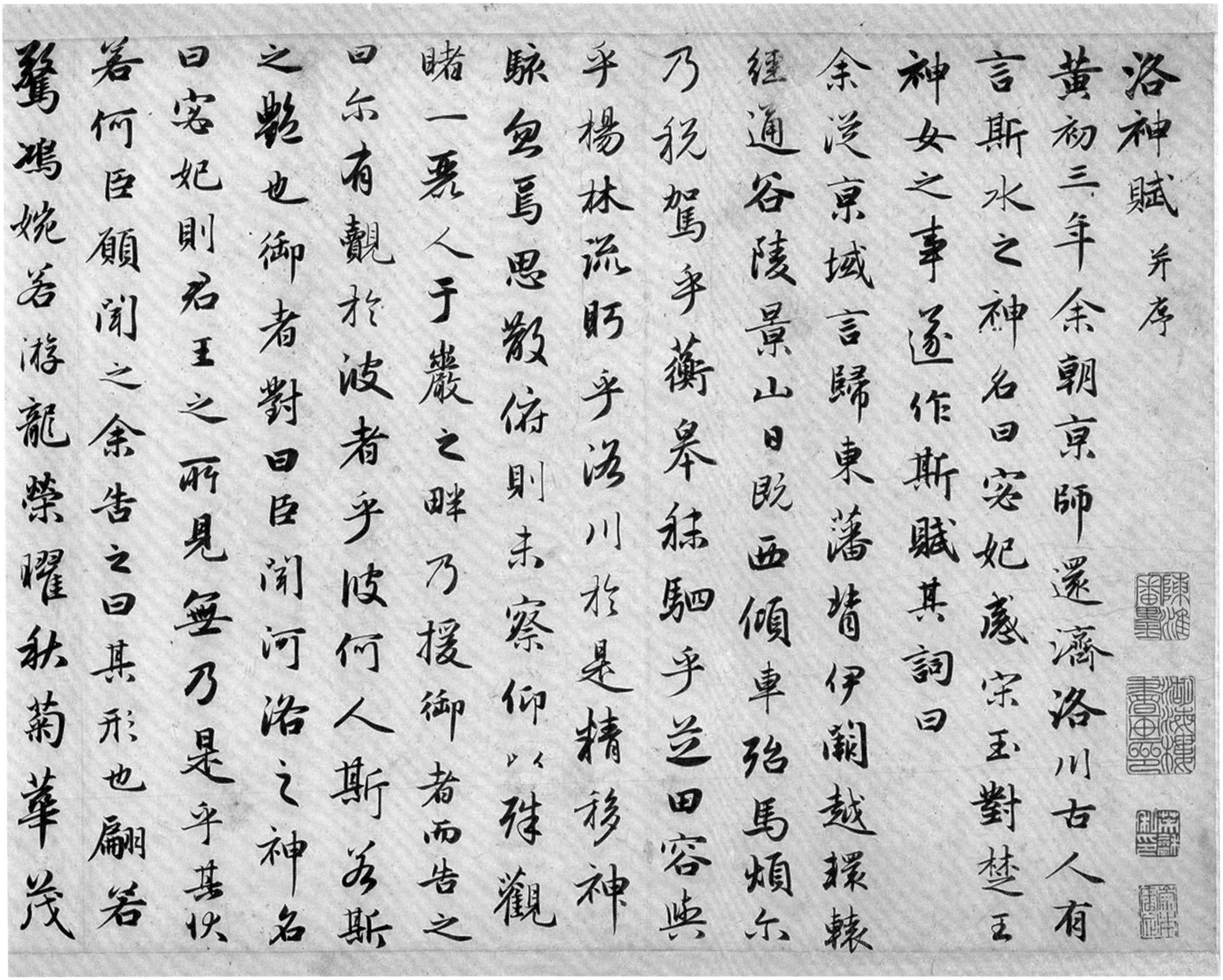

洛神賦 并序

黃初三年余朝京師還濟洛川古人有言斯水之神名曰宓妃感宋玉對楚王神女之事遂作斯賦其詞曰

余從京域言歸東藩背伊闕越轘轅經通谷陵景山日既西傾車殆馬煩尔

乃稅駕乎蘅皋秣駟乎芝田容與乎楊林流眄乎洛川於是精移神駭忽焉思散俯則未察仰以殊觀

睹一麗人于嚴之畔乃援御者而告之曰尔有覩於波者乎彼何人斯若斯之艷也御者對曰臣聞河洛之神名曰宓妃則君王之所見無乃是乎其形也翩若

驚鴻婉若游龍榮曜秋菊華茂

《洛神賦》局部　元代　趙孟頫　天津博物館藏

筆法風流圓轉，收放自如，美不勝收，頗有王獻之風采。

36

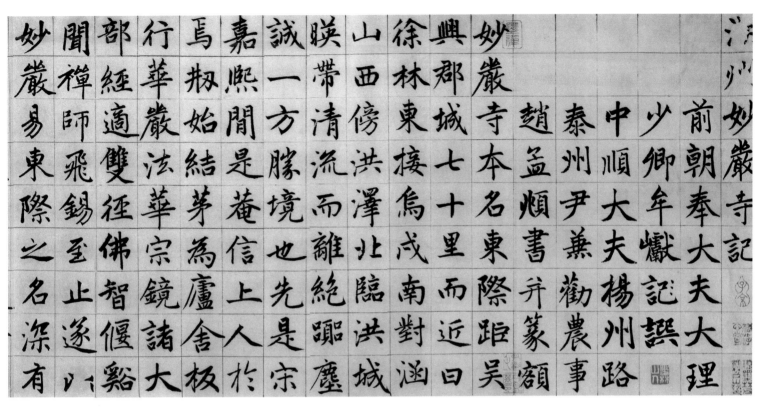

《湖州妙嚴寺記》局部　元代　趙孟頫　美國普林斯頓大學美術館藏

這張作品整體蒼勁有力而不失瀟灑，結體嚴謹又不失變化，放
大看筆筆變化豐富，是趙孟頫晚期書法創作的巔峰之作。

你儂我儂

趙孟頫的妻子管道昇是一位精通詩書畫的才女，大家尊稱她「管夫人」。管夫人與趙孟頫相敬如賓，同心同德，在藝術上各有所長，互相取長補短，是天造地設的一對才子佳人。管夫人最讓人稱道的是她的書法和墨竹。

《趙氏一門三竹圖》管道昇所繪部分　元代　管道昇　故宮博物院藏

趙氏夫婦和他們的兒子趙雍曾分別畫過《墨竹圖》，這三幅畫後來裱合在一幅長卷裏。管夫人的墨竹筆法文秀，墨色溫潤，有女性獨特的柔韌氣質。

《秋深帖》是夫妻二人流傳最廣的一幅作品，它原本是管夫人寫給嬸嬸的一封家信，開篇便道：「道昇跪覆嬸嬸夫人妝前，道昇久不奉字，不勝馳想。……」仔細看信末尾的署款，又能發現被塗抹過的「孟頫」兩字的痕跡。原來這是趙孟頫模仿管夫人的筆跡寫的，他寫得太投入了，以至結尾直接大筆一揮寫成了自己的名字。

《趙氏一門三竹圖》趙雍所繪部分　元代　趙雍　故宮博物院藏

趙孟頫的兒子趙雍、趙麟繼承家學，能書善畫，趙雍的墨竹儘管只有寥寥幾筆，也已經能看出他不凡的書法功力

管夫人是位富有智慧的女子，她的才情體現在生活的方方面面，平日裏與丈夫發生小摩擦，她仍然會不卑不亢地表達自己的感受，把矛盾自然化解。據傳她有一首《我儂詞》，就是在與趙孟頫鬧彆扭的情形下寫的：「你儂我儂，忒煞情多；情多處，熱似火；把一塊泥，捻一個你，塑一個我。將咱兩個一齊打碎，用水調和；再捻一個你，再塑一個我。……」這首小

詞寫得幽默俏皮，卻道出了夫妻相處你中有我，我中有你的親密關係。

1319 年管道昇病逝，趙孟頫失去了生活良友和藝術知己，這是生活對他的再一次沉重打擊。三年後，趙孟頫病逝，與管道昇合葬在故鄉湖州。

《秋深帖》 元代　管道昇　26.9cm×53.3cm　故宮博物院藏

趙孟頫和管夫人是虔誠的佛教徒，生前常與一位中峰和尚來往。這封信札是管夫人去世後趙孟頫寫給中峰和尚的：「……孟頫自老妻之亡，傷悼痛切，如在醉夢。……蓋是平生得老妻之助整卅年，一旦失之，豈特失左右手而已耶！」

《醉夢帖》　元代　趙孟頫　27cm×70cm　台北「故宮博物院」藏

留與人間作笑談

在給友人的一封信裏，趙孟頫曾反省道：「誠退而省吾之所學，於時為有用耶？為無用耶？可行耶？不可行耶？」這是一位知識分子在動盪年代的困惑——我的學識修養還會被時代需要嗎？我還值得繼續堅持下去嗎？

趙孟頫的命運似乎注定會被塗上一層悲涼的底色，但他卻用自己的實際行動詮釋了一位隱忍寬厚、修養極高的文人如何在紛亂中堅守自己，用自己的才華學養對抗宿命，超越時代的局限。他在困頓中不停追求心靈的寄託，在藝術裏回到晉唐、回到五代、回到北宋，重新拾起樸素而堅實的古典傳統。在文明遭遇災難的時候，仍然能頑強地度過危機，甚至找到了更有活力的一條道路。

從歷史的線索中理清頭緒，會發現這條曲折蜿蜒的道路如此清晰，我們看到無數文人在漫長旅途中留下的腳印。恰恰是因為他們內心的堅守，這條路從未中斷，它一直延續，塑造了我們的今天並延伸到未來。

而趙孟頫到底是個怎樣的人呢？有的人說他是位給百姓做了不少實事的好官，有的人說他像他的南宋皇室宗親一般懦弱⋯⋯沒有準確的答案，每個人都能根據留下來的字畫詩文理解他，描繪出自己心中的那個趙孟頫。但那些相對可靠的依據也僅僅是他人生的一部分，其中有虛有實，有真有假，了解得越多就越難用簡單的幾個標籤定義他，越能體會每一個生命的複雜與廣博。

趙孟頫似乎也預料到自己留給後人的爭議，晚年的他沒有辯解更多，只是寫下了一首小詩：「齒豁童頭六十三，一生事事總堪慚。唯餘筆硯情猶在，留與人間作笑談。」（《自警》）

他早已準備好。他就站在竹林深處，靜靜地迎接我們的每一次回望。

《自寫小像》 元代　趙孟頫
23.9cm×22.9cm 故宮博物院藏

第五章

知道更多：
元代四大家

大名鼎鼎的元四家——吳鎮、黃公望、倪瓚、王蒙，各有各的筆墨春秋，各有各的傳奇故事。

江畔傳奇

黃公望是江蘇常熟人，早年曾在元朝做過一段時間的官吏，後來不幸受牽連入獄。出獄後他徹底告別官場，在杭州、常熟、蘇州一帶隱居，平日裏只與江南一帶的文人雅士交往，晚年定居在山清水秀的富春江畔。

黃公望性情豪放率直，喜好尋訪名山大川。他曾在自己的《富春山居圖》中寫到，自己應友人「無用師」（本名鄭樗）之求畫這幅畫，足足用了三四年的時間才完成，全因為自己常常在外雲遊，畫畫停停……不

《富春山居圖》局部　元代　黃公望　台北「故宮博物院」藏

過這幅畫全然沒有間斷過的痕跡，彷彿一氣呵成般氣脈連貫，可見畫家的繪畫功力相當成熟老到。

有些事物彷彿生來注定是傳奇。這幅《富春山居圖》命運坎坷，它先是被明代大文人沈周、董其昌收藏。流傳到清代藏家吳洪裕時，因為太寶貝這幅畫，他臨死還囑咐家人燒掉它給自己陪葬。慶幸的是，這幅畫在被燒成兩半時被他的姪子吳靜庵搶救了出來，從此《富春山居圖》首尾異處，前面的短短一截被大家稱為《剩山圖》卷，後面較長的一段是《無用師》卷。

乾隆皇帝先後得了兩冊《無用師》卷，他細細鑒別後把偽作認定為《富春山居圖》真跡，充滿熱情地把畫卷中所有空白都寫上詩跋，加蓋璽印。由於「偽作」畫得也不錯，就也把它留在了宮中，僥倖保持了清靜的原貌。

如今，一灣海峽將一幅畫卷隔在兩岸，真假兩卷《無用師》均在台北「故宮博物院」收藏，《剩山圖》則收藏於浙江省博物館。畫中的山水見證了世間各種紛爭，卻淡泊如昨，似乎一切都不曾發生。

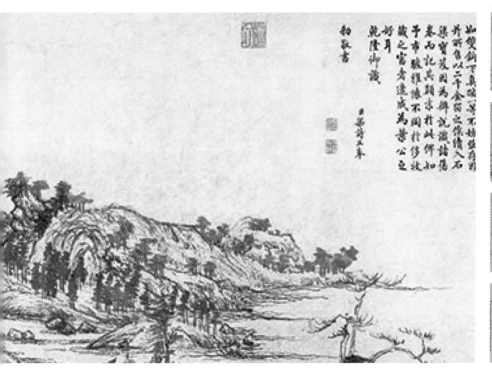

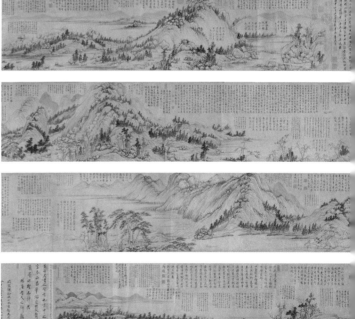

偽作（又稱「子明卷」）上密密麻麻的乾隆題跋

元四家

　　黃公望逝世多年後，仍然有很多人堅稱親眼見到了他，他在江湖行走，瀟灑快活。傳說畢竟是傳說，它代表了大家不便明說的願望。元代文人畫家的現實生活大多過得比較艱難，人們似乎願意相信山水賦予他們羽化登仙的神奇本領，就好像最終得到了命運的補償。

　　元代山水畫四大家——黃公望、吳鎮、倪瓚（粵：贊｜普：zàn）、王蒙，四個人個性鮮明，畫風各異，都留下了不少亦真亦假的傳說。

　　吳鎮生前名聲並不顯赫，到了明代才被文人們推崇。與隱居但愛好結交同道中人的黃公望不同，吳鎮是真正的隱士 —— 他性情孤傲，不喜歡應酬熱鬧，在自己房子周圍種滿梅花，管自己叫「梅花道人」，儘管生活拮据，但自認「居易行儉，從吾所好」。我們在前文裏曾介紹過吳鎮的一幅墨竹，實際上吳鎮的「漁父圖」是最有名的。漁父寒江獨釣，悠然自得，這種精神上的自由正是隱居不仕的文人們所追求的。

《漁父圖》局部　元代　吳鎮　故宮博物院藏

《容膝齋圖》 元代　倪瓚　74.7cm×35.5cm
台北「故宮博物院」藏

▶
《容膝齋圖》局部

　　倪瓚的故事也有很多。他生在富貴之家，中年遭
遇戰亂，僥倖逃過一劫，但還是陸續散盡家產，在動
盪的元朝末年過着四處漂泊的生活。倪瓚極好素淡乾
淨，家中物品摸過便要立即清洗，連院子裏的樹都要
日日擦掃，俗人俗物更是不得進家門一步。他的畫也
是這樣，沒有刺激感官的風景，沒有悲傷喜悅和煙火
塵埃，好像時間將永遠在這裏停止，達到清淨、平淡、
疏遠的極致。

▶
《青卞隱居圖》局部

《青卞隱居圖》　元代　王蒙　140.6cm×42.2cm　上海博物館藏

　　王蒙是趙孟頫的外孫，他經歷元、明兩朝，先後在兩朝做官。明太祖登基後，王蒙出任泰安知州，後來因為一件謀逆事件無辜受牽連，最終冤死於獄中。王蒙的畫既有磅礴的氣勢，又有複雜的細節。他擅長用扭曲交錯的細密的長線條畫山石，再與濃淡乾濕不同的墨點相融合，讓原本凝固的大山多了幾分如雲霧般蒸騰湧動的幻覺。

第六章 藝術小連接

《快雪時晴帖》　唐代摹本
23cm×14.8cm　台北「故宮博物院」藏藏

書法家鮮于樞

　　鮮于樞，字伯機，號困學山民。他精於書法、詩文、收藏，才學修養極高，可一直未能擔任朝廷要職，於是也像那些仕途不顯的文人那樣寄情於山水書畫，取得了很高的成就，在江南的文人群體裏負有盛名。但關於他生平事略的文獻記載卻很少，連比較準確的生卒紀年和詳細的傳記都沒有。他的書法在元朝與趙孟頫齊名，並稱「南趙北鮮」。而趙孟頫與鮮于樞兩人也是惺惺相惜的至交，趙氏曾盛讚好友的草書：「僕與伯機同學書，伯機過僕遠甚，僕極力追之而不能及。」

《王安石詩》局部　元代　鮮于樞
遼寧省博物館藏

書法家的信

　　今天博物館裏珍藏的那些古代書法作品，可能只是當時的書法家隨手寫的一封信、一個便簽、一紙詔書，比如前文提到的趙孟頫假借妻子管道昇之名寫的那封信。趙孟頫推崇至極的書聖王羲之也有不少這樣的作品，例如現在收藏於台北故宮博物院的《快雪時晴帖》：「羲之頓首，快雪時晴，佳想安善。未果，為結，力不次。王羲之頓首。山陰張侯。」王羲之的兒子王獻之也有類似這樣的作品傳世。有天他吃了味名叫「鴨頭丸」的藥，感覺沒甚麼效果，於是在寫給朋友的信中提到此事，這便是大名鼎鼎的《鴨頭丸帖》。

清代中國畫「教材」《芥子園畫譜》中，收錄了各家經典山石皴法。左圖為五代畫家董源、巨然的披麻皴，右圖為元代畫家王蒙的解索皴。

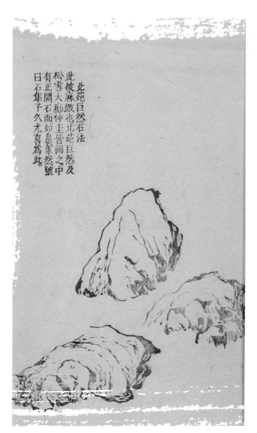

皴法

在唐代以及更早的中國畫——如敦煌壁畫、展子虔的《遊春圖》等作品裏，畫家通常是如何表現山石的呢？不難發現，畫家往往先用細線勾勒出事物的輪廓，之後再敷上色彩，展示山水的層次。但這樣的畫法有個很大的缺點，就是它很難表現出物體表面的質地，也就更難體現其內在之美了。這裏我們就要講到中國畫裏一個非常重要的概念——皴法。為了能表現景物的結構、質感、肌理等特質，古代畫家在藝術實踐中，根據各地不同的地質結構和植物形態，逐漸發展出各種複雜的筆法——先勾出大致輪廓，再用毛筆的側鋒在紙面皴擦。這種技法是中國畫獨有的，被稱為「皴法」。很多史上有名的大畫家都有他們的代表性皴法，如董源的「披麻皴」、王蒙的「牛毛皴」「解索皴」等。

第七章 裝置工坊

中國畫常常是畫在一張紙上的，可我們也能通過一些辦法，發現平面作品裏的空間關係。一起來試試吧！

1 準備材料

透明膠片 5 張、油性記號筆、邊長 1 厘米的白色立方體 16 個、萬能膠。

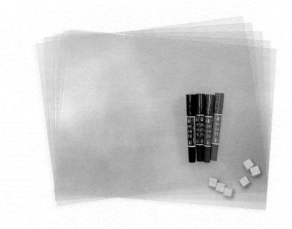

2 分層次繪製

國畫看上去是平面的，但是其實裏面也有前後的空間關係。印章在畫面當中起到了有趣的作用，歷朝歷代的收藏家、鑒賞者在畫上蓋上他們的印章，這些印章因此也代表着時間的流逝和時間的積累，這些都體現在畫面裏。

我們可以在兩張透明膠片上畫畫，在另外兩張透明膠片上畫那些大大小小的紅色印章，在最後一張透明膠片上寫上作品的題跋。

你可以隨意選擇一張你喜歡的中國畫。這裏我們用趙孟頫的《人騎圖》來示範。在一張膠片上畫人，另一張膠片上畫馬。

分層塗色、組裝

給畫面塗上顏色，再用白色立方體固定在透明膠片的四角，層層粘貼，組裝在一起。一幅立體的畫就這樣神奇地組合而成了。

印章分別畫在兩張透明膠片上。　　　　　　　別忘了寫上題跋。

完成！

完成立體裝置

這個小遊戲將一幅平面的作品變得立體，有助於提高孩子的空間感受能力和表達能力。

參考書目

趙孟頫，《趙孟頫集》，浙江：浙江古籍出版社，2016 年。

翦伯贊，《中國史綱要》，北京：北京大學出版社，2006 年。

［美］高居翰，《隔江山色：元代繪畫（1279—1368）》，北京：生活‧讀書‧新知三聯書店，2016 年。

俞劍華，《中國繪畫史》，江蘇：東南大學出版社，2009 年。

中央美術學院美術史系中國美術史教研室，《中國美術簡史》，北京：高等教育出版社，1990 年。

張丑，《清河書畫舫》，上海：上海古籍出版社，2011 年。

參考論文

李鑄晉、楊振國，《復古：元代山水畫風格成因研究》，《美苑》2005 年 03 期。

王連起，《趙孟頫生平思想簡介》，《紫禁城》2017 年 08 期。

（本書「裝置工坊」，由北京陽光雨叢美術工作室孫蘊泓同學製作，指導教師唐詩、王蕾。）